PREPARACIÓN Y AYUDA PARA EL NUEVO CURSO (1)

ÍNDICE DE LA SERIE

2

EL UNIVERSO: Cosmología, Astronomía y Astrofísica

1: EL UNIVERSO

Cosmología, astrofísica y astronomía

EL UNIVERSO

Casi todo el mundo ha tenido alguna vez la experiencia de observar el cielo lejos de la ciudad. En una noche clara, a simple vista se pueden ver miles de estrellas. Se aprecia también una mancha blanquecina que cruza el cielo, llamada la Vía Láctea.

Desde el punto de vista de un observador terrestre, la "bóveda" celeste efectúa un giro cada noche de este a oeste, en bloque, es decir guardando las estrellas la misma posición relativa unas con respecto a otras, lo que ha permitido desde la antigüedad agruparlas en constelaciones, que sirven para identificar las diferentes zonas del cielo. Además del giro nocturno de este a oeste, la "bóveda" parece efectuar un giro anual en torno al horizonte.

El modelo geocéntrico

La explicación del cosmos que parecía más cercana a la experiencia era la de una Tierra estática alrededor de la cual giraban los astros. Los griegos ya supusieron que la Tierra podía ser esférica tal como lo eran el Sol y la Luna.

En los eclipses de Luna, cuando la Tierra proyectaba su sombra sobre la superficie lunar (al interponerse entre el Sol y la Luna), la sombra era curva, lo que demostraba la esfericidad de la Tierra (solo una forma casi esférica proyectaría la sombra de una curva como la que se observaba, al ser iluminada desde cualquier ángulo). Eudoxo propuso un modelo del Universo en el que unas esferas transparentes giraban alrededor de la Tierra. Algunas de estas esferas tiraban del Sol, la Luna y los planetas (o estrellas errantes), de manera que explicasen sus movimientos, tal como se observaban desde la Tierra. El modelo constaba de 27 esferas. A medida que se hicieron más observaciones, Aristóteles y el astrónomo Calipo, tuvieron que ajustar el modelo añadiendo más esferas. Aristarco propuso un sistema heliocéntrico (con el Sol en el centro), pero finalmente prevaleció durante siglos el sistema geocéntrico (la Tierra en el centro). Había unas pocas estrellas que no parecían tener un movimiento regular: los planetas. Algunas veces avanzaban en una dirección y luego retrocedían. Tenían movimientos retrógrados. El astrónomo griego Claudio Ptolomeo, para explicar estos movimientos, incluyó en el sistema geocéntrico epiciclos (círculos pequeños sobre un círculo mayor, como en la figura); se suponía que en su giro en torno a la Tierra, el planeta recorría uno de los círculos pequeños y luego pasaba al siguiente. Además añadió la idea de que algunas esferas podían ser excéntricas (con el centro desplazado), para ajustarse más a las observaciones.

A medida que se hacían mejores observaciones los astrónomos ptolemaicos tuvieron que ir añadiendo nuevos epiciclos al modelo, y éste se fue complicando cada vez más.

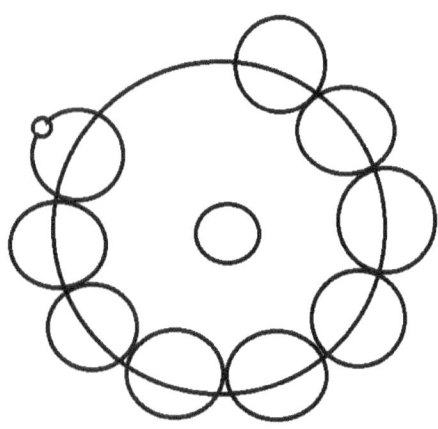

Los epiciclos de Ptolomeo

El modelo de Copérnico simplifica el sistema

Copérnico (Nicolás Kopernik), que vivió de 1473 a 1543 de nuestra era, comprendió que un sistema heliocéntrico (Sol en el centro) podía explicar las cosas con más simplicidad. Por ejemplo, los movimientos retrógrados del planeta Marte se debían a que este giraba en torno al Sol en una órbita más grande que la de la Tierra, por lo que a veces parecía adelantarse y otras retrasarse, como ocurre con los corredores en una pista de atletismo.

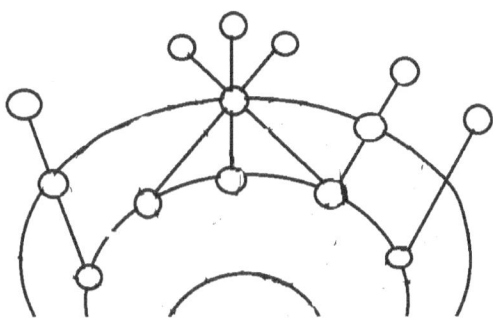

(Figura: los aparentes movimientos retrógrados de Marte se deben a que tanto Marte como la Tierra, giran en torno al Sol en órbitas de diferentes tamaños).

El debate abierto fomentó el aumento de las observaciones para decidir qué   modelo era el correcto. El astrónomo alemán Tycho Brahe realizó y registró durante su vida registró durante su vida múltiples y minuciosas observaciones que serían de gran utilidad a su sucesor, Johannes Kepler.

El orden descubierto por Kepler

Estudiando las minuciosas observaciones de Brahe sobre Marte, Kepler consiguió determinar la forma de la órbita del planeta, y descubrió que no era circular sino elíptica; el Sol se encuentra en uno de los focos de la elipse, de modo que el planeta no se encuentra siempre a la misma distancia del Sol. Al estudiar su modelo, junto con los datos de las observaciones descubrió que el planeta viaja más rápido cuando está más cerca del Sol. Si la distancia aumenta la velocidad disminuye, y si la distancia disminuye la velocidad aumenta, de modo que hay una compensación entre distancia y velocidad, que conduce a una ley de conservación: el radio imaginario que une al Sol y al planeta barre áreas iguales en tiempos iguales, como se ve en la figura.

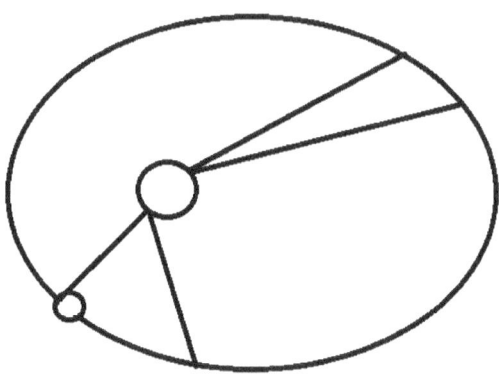

Después de varios años más de estudio, Kepler descubrió otra regularidad: Los cuadrados de los periodos de revolución de los planetas (o sea, el tiempo que tarda cada uno en completar una vuelta alrededor del Sol), son proporcionales a los cubos de sus distancias medias al Sol. Esta ley permitía establecer la escala del sistema solar, es decir, las distancias relativas entre los planetas (por ejemplo, si un planeta tarda un tiempo determinado más que otro en dar la vuelta al Sol, es porque está más alejado en una proporción que se podía calcular a partir de esta tercera ley). Como los periodos de revolución se podían observar desde la Tierra, en el momento en que se conociese la distancia entre solamente dos planetas, se podrían determinar todas las demás. Estas son las llamadas: "3 leyes de Kepler del movimiento planetario": (1) Las órbitas de los planetas en torno al Sol son elípticas, y el Sol se encuentra en uno de los focos de la elipse; (2) El radio imaginario que une al Sol y al planeta barre áreas iguales en tiempos iguales; (3) Los cuadrados de los periodos de revolución de los planetas son proporcionales a los cubos de sus distancias medias al Sol. Son leyes empíricas (es decir, descubiertas por el experimento o la observación), pero se desconocía su causa: Kepler intuyó que algún tipo de fuerza estaba implicada. Pero se necesitaba conocer más sobre el movimiento y sus causas.

Los estudios de Galileo sobre el movimiento

El filósofo griego Parménides había enseñado que las cosas verdaderamente "reales" deberían ser inmutables, de modo que solo hay apariencia de cambio. Probablemente para explicar y reconciliar la permanencia y el cambio, Leucipo y su discípulo Demócrito, propusieron y enseñaron que todo está compuesto por átomos indivisibles e inmutables. Si cambia la ordenación de los átomos cambia la apariencia exterior, pero la "realidad" subyacente es inmutable.

Aristóteles por su parte, propuso que todo lo constituyen cuatro elementos (aire, agua, tierra y fuego). En contraste con las cosas terrenales los cielos eran inmutables y eternos, y estaban compuestos por un quinto elemento o "quintaesencia" llamada éter. Cuando Galileo enfocó el telescopio (recientemente inventado) al cielo, descubrió muchas cosas interesantes. Descubrió que en la Luna había montañas, cráteres y valles como en la Tierra. Descubrió también que había varios satélites girando en torno a Júpiter, lo que demostraba que no todo gira en torno a la Tierra, como suponía el sistema geocéntrico. Observó que Venus presentaba fases como la Luna, lo que se podía explicar suponiendo que Venus giraba en torno al Sol en una órbita más interna que la de la Tierra (ver figura).

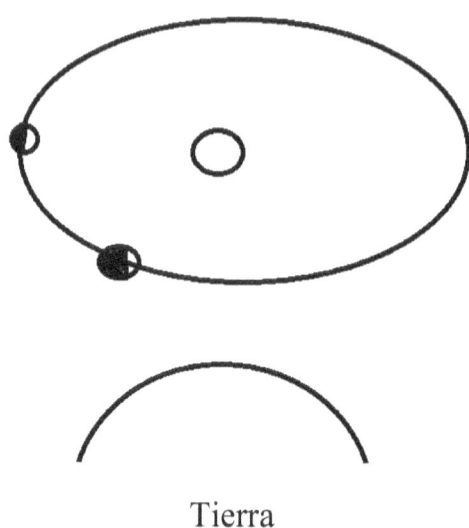

Tierra

Cuando enfocó el telescopio a la Vía Láctea vio que lo que parecía gas, era en realidad un conglomerado inmenso de estrellas. Todo parecía indicar que, como sostenía el sistema heliocéntrico, la Tierra era un planeta más en el Sistema Solar.

Pero una Tierra en movimiento tenía sus implicaciones: ¿por qué no sentimos el movimiento de la Tierra?. Hoy día esto es más fácil de aceptar que en la época de Galileo. Por ejemplo, si viajamos en avión, a veces nos parece que está casi parado. Solo sentimos el movimiento en ascensos, descensos, tal vez en virajes, o si hay turbulencias. Pero en la época de Galileo, cuando una de las formas más corriente de viajar era en carruajes tirados por caballos a través de caminos pedregosos, el movimiento sin duda se sentía. No obstante, sin dejarse llevar por las apariencias, Galileo estudió cuidadosamente el asunto.

¿Qué hace distinguir el movimiento del reposo?. Según Aristóteles los cuerpos tenían una tendencia natural a permanecer en reposo, pues se requiere fuerza para moverlos. Esta tendencia a permanecer inertes fue llamada inercia. Los elementos tenían gravedad y levedad. La tierra y el agua caían, el aire y el fuego ascendían. Según Aristóteles un cuerpo caería con mayor o menor rapidez según su composición, o sea la cantidad de elementos graves o leves que lo constituyesen. Parecía lógico, pero Galileo hizo experimentos para comprobar si era así. Una forma de hacerlo, era dejar caer diferentes objetos y cronometrar cuánto tardan en llegar al suelo. Pero en la época de Galileo no era tan fácil medir el tiempo, puesto que no existían los relojes y cronómetros de hoy. De modo que Galileo "diluyó" la fuerza de gravedad, dejando rodar objetos por planos inclinados. Comprobó que, a diferencia de lo que se creía, todos los cuerpos caen a la Tierra con la misma aceleración. El valor de la aceleración que la Tierra imprime a los cuerpos es siempre 9,8 metros por segundo al cuadrado (el cuerpo se acelera o incrementa su velocidad en 9,8 metros por segundo en cada segundo). A veces una hoja de papel tarda más en caer, que un papel arrugado en forma de bolita, pero esto se debe solo a la resistencia del aire. Si arrugamos los dos comprobaremos que tardan el mismo tiempo en llegar.

Ese descubrimiento era una clave importante, y estaba basado en un experimento real. Pero Galileo hizo también "experimentos mentales", imaginando situaciones ideales. Por ejemplo pensó: ¿qué experimentaría alguien que estuviese dentro del camarote de un barco sin ventanas?. Si el movimiento del barco fuese muy suave, completamente uniforme, rectilíneo, el ocupante no podría distinguir el movimiento del reposo; no sabría si el barco está quieto o se mueve. Son solo los cambios de velocidad o dirección los que sentimos, pero el movimiento rectilíneo uniforme es indistinguible del reposo.

La unificación de Newton

Copérnico y Kepler habían descubierto que la búsqueda de simplicidad matemática era una buena guía en el estudio y comprensión del mundo. El Sistema Solar parecía complicado solo porque lo observamos desde un objeto que también se mueve. Colocando al Sol en el centro, los movimientos de los planetas se veían mucho más sencillos, y regidos por solamente tres leyes matemáticas simples y elegantes: las leyes de Kepler.

Por otra parte, los descubrimientos de Galileo nos enseñan a no dar por sentadas las cosas que consideramos "normales", a hacer experimentos, como si le hiciésemos preguntas a la naturaleza y nos dejásemos enseñar por ella. Desde niños nos acostumbramos a que ciertas cosas ocurren siempre de la misma manera (por ejemplo, los objetos que se sueltan caen hacia abajo, hacia la Tierra; hay que aplicar una fuerza para levantarlos o moverlos). Siguen una norma o patrón. Consideramos eso el comportamiento "normal" de las cosas; pero eso no significa que entendamos por qué ocurre así; simplemente lo damos por sentado: así son las cosas. Cuando investigamos para aprender más es como si estuviéramos explorando un territorio desconocido: no sabemos lo que vamos a encontrarnos. Podemos encontrar cosas que nos sorprendan, y nos resulten hasta misteriosas, en relación con lo que estamos acostumbrados a percibir, como un viajero que encuentra animales y plantas que nunca antes había visto, quizá con capacidades y comportamientos que no se hubiese podido imaginar. Aunque no entienda plenamente su funcionamiento, después de pasar tiempo allí lo considerará algo "normal". De igual manera, si descubrimos leyes nuevas y la prueba indica que esas leyes son las que se cumplen en el mundo natural, las aceptamos, aún si no las comprendemos plenamente por el momento, y mientras seguimos esforzándonos por aumentar nuestra comprensión, debemos dejar que sea el mundo natural el que nos enseñe cuál es su "norma", su funcionamiento y sus leyes.

Cuando se acumularon las evidencias de que la Tierra es esférica, algunos encontraron difícil de aceptar la idea, el hecho de que vivimos sobre la superficie de una gran esfera. Les parecía increíble que hubiese personas viviendo "cabeza abajo". Sin embargo con razonamientos semejantes a los que usó Galileo para explicar que no es posible distinguir entre el reposo y el movimiento uniforme, se puede comprender que si hay una "fuerza" de atracción dirigida hacia el centro de la Tierra, los habitantes en cualquier punto experimentan los mismos efectos. Todo lo que les rodea comparte con ellos su inclinación, en cualquier parte de la esfera terrestre, así como la dirección y sentido de la fuerza de atracción, de modo que no sienten ni perciben ningún efecto distinto al que se experimenta en cualquier otro punto del globo. Puede que los antípodas estén "cabeza abajo" con relación a nosotros, pero no están "cabeza abajo" con relación a la Tierra. Hoy día lo comprendemos y lo aceptamos como normal.

Al igual que la Tierra atrae los objetos hacia su centro, ¿pudiera haber también una fuerza dirigida hacia el Sol, que fuese responsable del orden descubierto por Kepler?. Newton analizó esta pregunta. Los descubrimientos de Galileo eran claves importantes: un sistema en reposo y un sistema en movimiento uniforme son equivalentes. De modo que hay que matizar la ley de inercia de Aristóteles, que se podría expresar así: "un cuerpo permanece en su estado de reposo a menos que actúe una fuerza sobre él". En realidad habría que ampliar esta definición así: "un cuerpo permanece en su estado de reposo *o de movimiento rectilíneo uniforme* a menos que actúe una fuerza sobre él". Según esta "ley de inercia" ampliada, un cuerpo no se resiste al movimiento sino al *cambio de movimiento*. Esto está de acuerdo con la experiencia, puesto que se requiere una fuerza no solo para mover un objeto, sino también para frenarlo, acelerarlo o cambiar su dirección. El rozamiento, por ejemplo, es una fuerza de frenado. Si reducimos el rozamiento, como en una pista de hielo, es más difícil que un objeto se frene. En el caso ideal en el que el rozamiento se redujese a cero, un cuerpo seguiría indefinidamente en movimiento rectilíneo uniforme. Es esta "inercia", o resistencia al cambio de movimiento, la que sentimos cuando vamos en un coche, cuando acelera, frena o gira. La ley de inercia así enunciada es la primera ley del movimiento de Newton.

De acuerdo con esto, un planeta seguiría en movimiento rectilíneo uniforme si no existiese una fuerza dirigida hacia el

Sol, que le desvía de su movimiento rectilíneo, haciéndole de hecho "caer" hacia el Sol, aunque su distancia y velocidad evitan que se precipite contra el Sol, pero se mantiene girando en torno a él.

Cuanto mayor sea la aceleración (o cambio de movimiento) que queramos obtener, y mayor sea la masa del cuerpo, tanto mayor será la fuerza necesaria para acelerarlo. Esta es la segunda ley del movimiento de Newton, que se puede expresar así:

$$FUERZA = MASA \times ACELERACIÓN$$

Por otra parte, es un hecho, que no siempre que aplicamos una fuerza obtenemos movimiento. Por ejemplo, tal vez presionemos con nuestro dedo en una roca y ésta no se mueva; más bien la roca nos dejará unas marcas en el dedo, como si ella hubiese ejercido fuerza sobre nosotros. Así mismo, si dejamos una botella en una mesa o en el suelo, hay una fuerza que atrae la botella hacia el centro de la Tierra; sin embargo la botella permanece inmóvil, no atraviesa el suelo o la mesa. Hemos de suponer por lo tanto que la mesa o el suelo ejercen una fuerza igual y de sentido opuesto sobre la botella. Esta es la tercera ley de Newton, conocida como el principio de acción y reacción.

En resumen, podemos decir que todos los cuerpos ejercen influencia unos sobre otros mediante fuerzas que pueden modificar su estado de movimiento.

Si el Sol atrae a los planetas, y la Tierra atrae a los objetos y criaturas, parece una propiedad universal de la materia. Sin embargo aquí en la Tierra no tenemos que hacer ningún esfuerzo para evitar quedarnos pegados unos a otros. Por lo tanto la fuerza de atracción debe ser muy débil entre masas pequeñas, y aumentar con el aumento de las masas. De acuerdo con la 2ª ley de Kepler la fuerza disminuye con la distancia. Newton usó la 3ª ley de Kepler para calcular en qué proporción disminuye, y encontró que disminuye en proporción al cuadrado de la distancia. Pudo entonces expresar esta ley con una fórmula matemática sencilla:

$$F = G \cdot M \, m / \, r^2$$

"F" es la fuerza de atracción, "M", la masa del Sol, "m" la masa del planeta, "r" la distancia que los separa, y "G" es una constante que mide la intensidad de la fuerza entre dos masas unitarias, a una distancia unidad. Esta es la ley de la Gravitación Universal.

Como el valor de la aceleración de la gravedad en la Tierra se conocía (9,8 m/ seg.^{2}), si Newton estaba en lo cierto, se podía comparar ese valor con la aceleración de la Luna, que completa una órbita en torno a la Tierra en un mes lunar. Cómo su distancia se conocía era fácil calcular su velocidad orbital. El cálculo demostró que efectivamente, la Luna giraba alrededor de la Tierra, debido a una fuerza de atracción de la misma intensidad que la que produce la aceleración de la gravedad terrestre, reducida en proporción al cuadrado de su distancia a la Tierra. Así comprobó que la misma fuerza que hace caer los objetos a la Tierra, es la que mantiene a la Luna en su órbita.

Pudo usar las fórmulas o expresiones matemáticas de las leyes de Kepler, para comprobar si el valor numérico de la aceleración de la gravedad terrestre era el que se necesitaría para mantener a la Luna girando en torno a la Tierra, justo a la velocidad a que lo hace. La fuerza de atracción disminuye en proporción al cuadrado de la distancia, puesto que la fuerza se distribuye en torno al punto desde el que emana, entre una superficie esférica imaginaria que aumentará al aumentar el radio (siendo la fórmula de la superficie esférica, $4\pi r^2$); cuanto mayor sea el radio menos fuerza le corresponderá a cada porción de la superficie esférica (dicha fuerza variará en proporción inversa al cuadrado del radio). Obtuvo esto a partir de la 3ª ley de Kepler; comprobó así numéricamente que la Luna es atraída hacia la Tierra con una fuerza del mismo valor que la que atraía los objetos aquí en la Tierra, de modo que los movimientos celestes y terrestres se regían por las mismas leyes físicas.

Esto indicaba que las tres leyes de Kepler sobre el movimiento de los astros eran en realidad consecuencia de una sola ley, la ley de Gravitación Universal. Además los movimientos terrestres y los celestes obedecían las mismas leyes. Los descubrimientos de Kepler y los de Galileo quedaban recogidos y eran explicados por las leyes de Newton (las tres leyes del movimiento y la de Gravitación Universal).

Lo que comprobó Galileo experimentalmente, el hecho de que todos los cuerpos caen hacia la Tierra con la misma aceleración, independientemente de que su masa sea mayor o menor, tendría la siguiente explicación: es un hecho que si queremos mover una gran roca tenemos que emplear mucha más fuerza que si movemos un pequeño guijarro, de modo que cuanto mayor es la masa de un cuerpo, podemos decir que se resiste más a ser movido o acelerado. De modo que si dejamos caer un cuerpo desde lo alto hacia la Tierra, bien sea libremente, o dejándolo rodar por una rampa inclinada, la fuerza de atracción entre el cuerpo y la Tierra será mayor cuanto mayor sea la masa del cuerpo en cuestión, pero por otro lado, al ser mayor su masa también se resistirá más a ser acelerado; la fuerza de atracción entre la Tierra y un cuerpo de masa más pequeña, será menor, pero también será menor su resistencia a la aceleración, y en la misma proporción en la que disminuye su masa, de modo que ambos efectos se compensan y el resultado es que todos los cuerpos , sea cual sea su masa, caen a la Tierra con la misma aceleración.

Unos pocos principios bastaban para explicar una amplia variedad de fenómenos. Se había conseguido una gran unificación.

¿Cómo se miden las distancias a los astros?

La observación desde la antigüedad de los cielos llevó a una clasificación de lo que se observa en ellos, así como de las regularidades de sus aparentes movimientos; pero sobre la base de los descubrimientos de Kepler, Galileo y Newton, el conocimiento sobre el Universo ha aumentado a un ritmo acelerado desde entonces hasta nuestros días.

Las primeras estimaciones de las distancias desde la Tierra a los astros más cercanos se hicieron por métodos geométricos, midiendo el paralaje, el aparente desplazamiento de un objeto con respecto al fondo más lejano, cuando se le mira desde dos ángulos distintos; ese desplazamiento será mayor cuanto más cerca esté el objeto, y cuanto mayor sea la separación entre los dos lugares desde los que se le observa; ya en la antigüedad se hicieron cálculos de la distancia a la Luna, satélite de la Tierra, y por tanto el objeto astronómico más cercano.

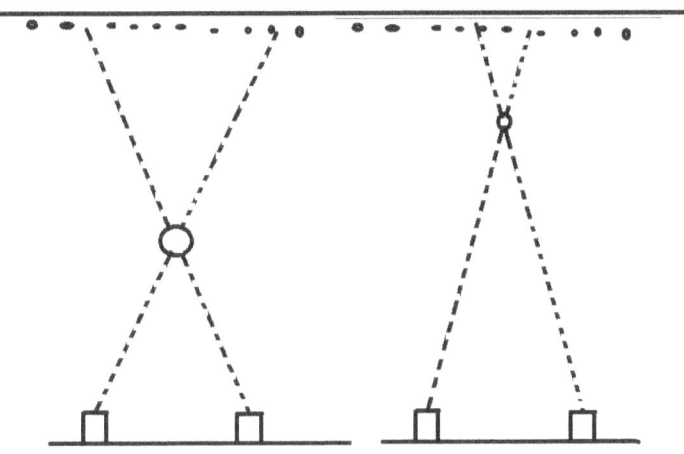

Usando las fórmulas matemáticas de los triángulos, la trigonometría, se puede calcular a qué distancia están. En tiempos más recientes se sigue usando el método del paralaje, pero muchos de los objetos están tan lejos que su desplazamiento aparente es muy pequeño o totalmente inapreciable.

Para valorar a qué distancia están se mide el brillo o intensidad luminosa con el que son percibidos desde aquí, no solo el de los que se captan a simple vista, que son pocos relativamente, sino sobre todo el de la increíble cantidad de ellos que se captan con los grandes telescopios; el brillo de un objeto que emite luz, es decir, la intensidad de la luz, va disminuyendo gradualmente cuanto más lejos está de nosotros, pues la luz emitida se va distribuyendo sobre una superficie cada vez mayor; si el astro emite su luz en todas direcciones, radialmente, la luz se distribuirá sobre el área de la superficie de una esfera imaginaria en torno al astro, y ese área será mayor cuanto mayor sea la distancia; como la fórmula para hallar el área de una superficie esférica es "$4 \pi r^2$", la intensidad de la luz que emite disminuirá en una cantidad proporcional al cuadrado del radio, siendo "4π" una cantidad constante, y el valor del radio es la distancia que nos separa del objeto; así, si supiéramos el valor real de la intensidad de la luz que emite un objeto astronómico, podríamos estimar a qué distancia está, midiendo su brillo aparente; la intensidad luminosa real se calcula por diversos conocimientos que se han obtenido en física y astrofísica, ciencia que estudia, entre otras cosas, los procesos y leyes que dan lugar a la formación y funcionamiento de los astros y agrupaciones de astros, basándose principalmente en la luz visible que nos llega de ellos, otras radiaciones que no vemos, y el conocimiento de las leyes físicas, que se ha obtenido aquí en la Tierra, sobre la materia, y la luz y radiaciones que esta emite. La "ley de desplazamiento de Wien", por ejemplo, relaciona la longitud de onda de las radiaciones con la temperatura del cuerpo que las emite: al aumentar la temperatura, las longitudes de onda se desplazan hacia valores más cortos, y por tanto frecuencias y energías mayores; en el caso de la luz visible, las frecuencias altas (longitudes de onda cortas) corresponden al extremo azul y violeta del espectro, y las frecuencias bajas al extremo rojo; se puede calcular por tanto la temperatura del Sol y las estrellas a partir de la luz y radiaciones que recibimos de esos astros.

El descubrimiento de la llamada "ley de Hubble", que condujo a la teoría del Big Bang, como se explica más adelante, suministra otro método para tener idea de las enormes distancias que nos separan de otras galaxias, pues dicha ley establece una relación entre la velocidad a la que se alejan las galaxias y la distancia que nos separa de ellas.

Otro método utilizado tiene que ver con un tipo de estrellas llamadas "variables cefeidas"

Las variables cefeidas

Son estrellas, cuya luminosidad aumenta y disminuye de forma periódica; las primeras se descubrieron en la constelación de Cefeo, y fueron llamadas "variables cefeidas"; como parece que la relación periodo-luminosidad es la misma en todas las estrellas de este tipo, se pueden valorar las distancias de las galaxias que contienen estrellas variables, a partir de su periodo y su brillo aparente, comparándolo con el de estrellas variables más cercanas, cuya distancia se ha podido conocer por otros métodos . Al parecer, la razón de esta variación periódica de su brillo se debe a que pasan por fases en que la cantidad de hidrógeno de qué disponen para fusionar en helio, disminuye de tal modo que se producen otras reacciones nucleares.

¿Cómo se forman las estrellas?

Se piensa que las estrellas nacen por la agregación de materia interestelar, debida a la atracción gravitatoria; cuando las partículas se llegan a comprimir mucho, y por tanto disponen de poco espacio para moverse, los choques entre ellas elevan tanto la temperatura que se alcanza la energía suficiente para que los átomos de hidrógeno, el material más abundante, se fusionen para producir átomos de helio, generando una gran cantidad de energía, y una presión hacia afuera que compensa la atracción gravitatoria y mantendrá a la estrella brillando por millones de años, hasta que agote su combustible nuclear; cuando no haya más hidrógeno para fusionar en helio, la gravedad volverá a imperar y la estrella implosionará; pero lo que ocurre entonces depende del tipo de estrella, determinado principalmente por su masa inicial; las estrellas más grandes consumen antes su hidrógeno, porque sus reacciones nucleares tienen que compensar un tirón gravitatorio mayor.

Durante sus millones de años de vida, las elevadas presiones y temperaturas en las partes más internas de las estrellas han fusionado núcleos atómicos y generado elementos más pesados que el helio; es así como se piensa que se han producido los elementos de la tabla periódica, hasta los más pesados; además las reacciones nucleares generan otros productos, como por ejemplo neutrinos; dependiendo del tipo de estrella, los productos acumulados reaccionarán contra la implosión prolongando la vida de la estrella; algunas pasarán por una fase de mucha densidad, como las estrellas de neutrones, pero algunas terminarán en una gran explosión de supernova, que sembrará el espacio con los materiales de su interior, de los que se podrán formar nuevos sistemas estelares y planetarios.

Los astrónomos han captado la luz y otras radiaciones de estrellas de diferentes tipos, o de diferentes fases en el ciclo de vida de estrellas del mismo tipo; los espectros obtenidos, lógicamente, son distintos, y esto ha permitido clasificar las estrellas por tipos espectrales; como parece lógico que las que coincidan en tamaño y temperatura tendrán un ciclo vital similar, pasarán por las mismas fases y tendrán el mismo brillo absoluto, obtenido por cálculos para los diversos tipos, a partir de los valores de masa, presión, temperatura, reacciones etc. (y cotejados con datos observacionales de estrellas cuya distancia se ha conocido por otros medios, como paralaje, o la relación periodo-luminosidad de las variables cefeidas), de acuerdo a lo que se ha explicado, comparando éste con su brillo aparente se podrá estimar su distancia; los tipos espectrales se colocan en un diagrama, llamado diagrama de Hertzsprung-Russell; colocando la estrella bajo estudio en el lugar que le corresponde en el diagrama por su tipo espectral, se sabrá en qué fase de su ciclo vital está, y estimar así su posible distancia y otros datos.

Galaxias, cúmulos galácticos y supercúmulos

La observación ha mostrado desde hace tiempo que las estrellas, junto con los astros asociados a ellas, se agrupan en formaciones gigantescas que, en general, giran en torno a un centro común, llamadas galaxias; a su vez las galaxias se agrupan en cúmulos galácticos y estos en supercúmulos; las grandes agrupaciones que se pueden observar y detectar parecen distribuirse en formaciones semejantes a filamentos, con grandes vacíos, aparentemente, entre ellos, y también formaciones que parecen grandes murallas; en años recientes las observaciones parecen revelar la existencia de lo que se ha llamado "materia oscura", cuya presencia sería necesaria para explicar la velocidad de objetos astronómicos, que debería ser mucho menor a la observada, de acuerdo con las leyes físicas que conocemos, a menos que tal materia esté presente, y su cantidad tendría que ser bastante mayor que la de la materia visible.

¿Cómo surgió la teoría del Big Bang?

Se descubrió en las primeras décadas del siglo XX que todas las galaxias, aparentemente se están alejando "de nosotros", o más bien se alejan unas de otras, con una velocidad proporcional a su distancia (las más lejanas parecen separarse a más velocidad); esta curiosa "velocidad proporcional", cuya expresión matemática se conoce como "ley de Hubble", se entiende mejor si suponemos que se trata, no de la separación y alejamiento de objetos normal, del tipo que nos es familiar, sino más bien de la expansión o estiramiento del espacio entre ellas, el espacio que las contiene, como si este fuese una especie de "tejido" al que están adheridas, que se está expandiendo (a menudo se ilustra con un globo, cuando está siendo hinchado, con las galaxias dibujadas en la superficie del globo; supongamos que hinchamos el globo hasta duplicar su tamaño; todas las "galaxias" pintadas en él duplicarán también su separación mutua, de modo que las que estaban separadas por una unidad de longitud, ahora lo estarán por dos, pero las que estaban separadas por dos unidades de longitud, ahora lo estarán por cuatro, y así sucesivamente); la ilustración ayuda a entenderlo, pero recordando que las galaxias no están en una superficie bidimensional sino en el espacio tridimensional.

Curiosamente, pocos años antes de este descubrimiento, el físico Albert Einstein había desarrollado la teoría de la Relatividad General, en la que el "espacio" se puede estirar o encoger; si esto nos suena raro seguramente es porque estamos acostumbrados a pensar en el espacio vacío, como "la nada", pero hace tiempo que la ciencia lo considera como algo más bien "lleno" de fuerzas que existen y operan entre los objetos que percibimos, aunque las fuerzas mismas sean invisibles; esta expansión se dedujo porque el color de la luz que llega desde las galaxias, que depende de la longitud de onda de las ondas de luz, se desplaza hacia el extremo rojo del espectro luminoso; cuando un objeto que emite ondas (de cualquier clase: sonido, luz etc.) se aleja, cada pulsación se produce un poco más lejos, de modo que la distancia entre dos pulsaciones consecutivas (que es lo que mide la "longitud de onda") es mayor; por el contrario si el objeto se acerca, cada pulsación se produce más cerca de donde se produjo la anterior, y la "longitud de onda" se acorta (efecto Doppler); en el caso de la luz visible, al color rojo le corresponde una longitud de onda más larga, y el desplazamiento al rojo y la velocidad a que lo hace parece indicar que las galaxias se alejan (como la "ley de Hubble" establece una relación entre distancia y velocidad de alejamiento, la medida de desplazamiento al rojo también permite estimar la distancia de las galaxias).

En años recientes, observaciones de algunas galaxias y agrupaciones, parecen indicar que la velocidad de expansión está aumentando y ha llevado a pensar en la existencia de una "energía oscura" como impulsora de ese incremento; la cantidad de energía oscura se supone mucho mayor que la cantidad de materia, incluso incluyendo la materia oscura; esta idea de un Universo en expansión, indicaría que cuanto más nos remontemos en el pasado más cerca estarían unas galaxias de otras, y llevando la idea al límite, todo el Universo conocido tendría que haber estado concentrado en un solo "punto", desde el que comenzó su expansión, en lo que se conoce como el Big Bang.

Modelos de Universo

La cosmología es la ciencia que estudia la estructura, formación y comportamiento del Universo en conjunto, el Universo a gran escala; basándose en las observaciones y datos recogidos, los cosmólogos proponen y estudian diversos modelos de Universo, aplicando las leyes físicas que conocen, expresando esas leyes en forma matemática, para ver si los resultados de la operación de esas leyes, encajan con las observaciones.

Se intenta también averiguar cuál será el destino del Universo, si la expansión continuará llevando a un enfriamiento cada vez mayor, y por tanto a una muerte térmica (Big Freeze, o Gran congelación), o si por el contrario la expansión se detendrá e invertirá llevando a una Gran implosión (Big Crunch).

El estudio cuidadoso, desde el punto de vista teórico, del modelo cosmológico estándar del Big Bang, y el intento de solucionar las cuestiones que se plantean en él, así como de encajar también las nuevas observaciones, junto con sugerencias que provienen de diversas teorías en las que se estudia la materia a nivel subatómico, ha llevado a suponer que tal vez el Big Bang no fue único, y por diversos caminos, y en diversas teorías, se propone la existencia de otros "universos", que compondrían lo que actualmente se denomina el "multiverso".

La existencia de "universos paralelos" se propuso como una interpretación de la teoría cuántica, la interpretación de "muchos mundos" de Hugh Everett, posterior a la interpretación inicial, llamada "la interpretación de

Copenhague", por el papel predominante que desempeñó en ella el físico danés Niels Bohr. En la teoría cuántica un sistema físico, que puede ser una sola "partícula", o pueden ser muchas, debe ser descrito por una "función de onda"; la "función de onda" de un sistema de muchas partículas contiene todas las posibles configuraciones en que se puede hallar el sistema al efectuar una observación o medición, de modo que contiene configuraciones que forman aparatos de laboratorio, gatos, observadores y Universos enteros. Según la interpretación de Copenhague, cuando se hace una observación o medición, solo una de las alternativas contenidas en la "función de onda" se realiza (llega a ser real); según la interpretación de "muchos mundos" se realizan todas, en diferentes "universos" que coexisten pero no se perciben mutuamente.

Pero otras teorías también han conducido a pensar en la existencia de otros tipos de "universos".

Más allá del modelo estándar de la física de partículas, se ha llegado a teorías como la teoría de cuerdas, supercuerdas y teoría M; más adelante veremos cómo surgieron estas teorías, pero por ahora solo hablaremos de por qué han conducido a la idea de un "multiverso"; en estas teorías las partículas elementales no son consideradas como "puntos"; se considera que tienen una longitud diminuta, y por eso se las llama "cuerdas"; para conservar ciertas simetrías que se consideran esenciales en física, estas teorías tienen que incluir en sus fórmulas algunos términos que compensan "anomalías" que surgen en ellas y conducen a que una simetría esencial no se mantiene, cuando las restricciones impuestas por la teoría cuántica se aplican a las cuerdas (cuando se cuantizan las cuerdas); tales términos tienen un efecto compensador en las fórmulas, y la simetría requerida se recupera; como veremos más adelante, tales cantidades compensadoras se pueden considerar de diferentes maneras; puede pensarse que representan "partículas" o "campos", que la teoría sugiere que deberían existir, pero que aún no han sido descubiertos; en la historia de la ciencia esto ha ocurrido a veces; por ejemplo la existencia del neutrino se predijo teóricamente antes de que fuera descubierto; en un tipo de desintegración radiactiva parecía violarse la ley de conservación de la energía, y Wolfgang Pauli propuso que la energía que aparentemente faltaba, tal vez correspondía a que en el proceso podría estar presente una partícula, que por carecer de carga eléctrica y tener una masa muy pequeña no era detectada; si se incluía esa partícula la ley de conservación se mantenía; el neutrino fue descubierto posteriormente.

Los "campos" adicionales a los que se recurre en la teoría de cuerdas se pueden considerar como magnitudes escalares; un "campo escalar" puede ser, por ejemplo, la temperatura, puesto que se puede especificar una distribución de temperaturas en una región, dando solamente un número en cada punto de la región, que indica el valor de la temperatura en ese punto, tal como es indicada por un termómetro provisto de una escala de temperaturas (de ahí la palabra "escalar"); pero hay otros "campos" que requieren más de un número para ser especificados, por ejemplo los "campos vectoriales"; un campo de fuerza eléctrica o gravitatoria tiene, en cada punto de la región en que se encuentra, un valor especificado por un vector; los efectos de las fuerzas dependen no solo de su magnitud, sino también de la dirección y sentido en que actúan, de modo que para especificar un "campo vectorial" se requieren tres números en cada punto del espacio; dando el valor de las tres coordenadas o componentes del vector; referidas a un sistema de tres ejes perpendiculares entre sí, tanto la magnitud, como la dirección y sentido del vector en el espacio tridimensional, quedan plenamente especificadas.

Como un campo escalar es un campo de una sola componente, la introducción de cada "campo compensador" que se hace en la teoría de cuerdas, puede considerarse como la introducción de alguna "magnitud escalar", pero también puede considerarse como que se ha añadido una "componente" adicional al "espacio" en el que "viven" las cuerdas, y por lo tanto una "dimensión" o "grado de libertad" adicional; si los objetos físico-matemáticos de esta teoría (originalmente las "cuerdas"), disponen de grados de libertad adicionales, tales grados de libertad también pueden efectuar el trabajo de compensación requerido, como si esas "dimensiones extra" cancelaran el efecto no deseado de los términos que dan lugar a las "anomalías"; en un "espacio" con más "dimensiones" tales efectos pueden disiparse y cancelarse en ellas; de modo que originalmente se consideró que la teoría era consistente si se desarrollaba en un espacio con más dimensiones que nuestro espacio físico tridimensional, o el espacio-tiempo de cuatro dimensiones de la teoría de la relatividad; para explicar por qué no percibimos esas dimensiones extra se supuso que podían estar compactadas en formas geométricas muy diminutas, espacios compactos; si fuese así la geometría de esos espacios en los que se mueven y vibran las cuerdas determinaría el comportamiento y características físicas de estas; pero las matemáticas predicen muchas más posibles geometrías que las que se requieren para explicar el mundo que conocemos, de modo que también en esta teoría podrían existir "universos" o "mundos" con otras propiedades, como parte del "multiverso"; también se estudian modelos con dimensiones extra grandes, y sus posibles consecuencias y efectos (D-branas, etc.).

Otras teorías, motivadas principalmente por resolver los problemas matemáticos que aparecen cuando se intenta unir la relatividad general con la teoría cuántica, han llevado a proponer diversos modelos cosmológicos.

Cuestiones como la de cómo pudo generar el Big Bang la uniformidad observada actualmente, llevaron a Alan Guth a proponer una inflacción muy acelerada al principio, y esto también lleva a pensar en la posible generación de otros "universos".

La fuerza que impulsa la expansión es relacionada por los cosmólogos con la llamada "constante cosmológica", cuyo valor debe estar muy finamente ajustado para la expansión que se observa.

Nuestra Galaxia: la Vía Láctea

Desde las primeras observaciones de Galileo con el telescopio se apreció que esa mancha blanquecina que cruza el cielo, conocida desde la antigüedad como la "Vía Láctea" o "La Galaxia" (derivado de la palabra griega "galaktós": "leche" o "de aspecto lechoso") era realmente una gran acumulación de estrellas, y actualmente está considerada como uno de los brazos espirales de la galaxia en que se encuentra el Sol y su sistema.

Se planteó si muchas de las llamadas nebulosas que se conocían no serían también agrupaciones de estrellas, y no solo nubes de polvo y gas; el asunto se resolvió en las primeras décadas del siglo XX, cuando el uso de telescopios cada vez más grandes permitió apreciar estrellas individuales en ellas; muchas de las "nebulosas" eran realmente galaxias, agrupaciones de millones de estrellas, y actualmente se considera que hay millones de ellas en el Universo observable, agrupadas a su vez en cúmulos galácticos y supercúmulos.

Se considera que la galaxia a la que pertenece el Sol, la Vía Láctea, forma parte del llamado "grupo local", del que también forman parte la galaxia de Andrómeda y las Nubes de Magallanes. Las estrellas se acumulan más en el centro de las galaxias; en el caso de la Vía Láctea se considera que su parte central está en una zona donde hay gran cantidad de cúmulos globulares de estrellas, mientras que el sistema solar está en uno de sus brazos espirales.

La refracción de la luz

Debido al importante papel que el fenómeno de la refracción de la luz (y otras radiaciones) ha desempeñado en la investigación de la materia y la energía, vamos a considerar brevemente su explicación. Cuando la luz visible atraviesa un prisma de vidrio, entrando por una cara del prisma orientada oblicuamente a la dirección de propagación del rayo luminoso, aparecen separados los diferentes colores que componen la luz blanca; este es un fenómeno familiar que muchos habrán observado, y es semejante al arco iris, donde las diminutas partículas de agua de la atmósfera actúan como pequeños prismas.

De modo que la luz blanca se divide o refracta en los colores que la componen; la razón de esto es que la luz viaja a una velocidad menor dentro del vidrio, y al entrar en él, experimenta un frenado, tal como, por ejemplo, le ocurriría a una persona que estuviese avanzando por el agua, y se topase de repente con una zona donde hay mucho lodo disuelto; el aumento en la densidad del medio le haría ir más despacio. En el caso de las ondas de luz, su interacción con las partículas del vidrio tiene un efecto semejante.

Si el "frente de onda" está orientado oblicuamente con relación a la cara del prisma por donde entra, una parte del "frente" entra primero en el vidrio y es frenada, mientras que el resto del "frente de onda" sigue avanzando a su velocidad normal, y eso es lo que hace que se desvíe en un ángulo determinado que depende de su frecuencia.

Se puede entender fácilmente con algunos ejemplos; imaginemos un automóvil que avanza por una carretera asfaltada, pero llega un momento en que la parte asfaltada termina y tiene que avanzar por un tramo de camino de arena espesa, donde las ruedas avanzan con dificultad; imaginemos que la línea donde termina el asfalto y empieza el camino de arena es oblicua, de manera que la rueda derecha entra primero en la parte arenosa, pero la rueda izquierda dispone todavía de un tramo de asfalto; la rueda derecha se frenará mientras que la izquierda seguirá avanzando a velocidad normal, de modo que se adelantará respecto a la rueda derecha, y el vehículo entero se desviará de la dirección recta, y lo hará tanto más cuanto mayor sea la velocidad a la que viajaba por el tramo asfaltado.

Algo parecido ocurriría si a una persona que fuese corriendo por la calle, le sujetásemos el brazo derecho para detenerla; su lado izquierdo seguiría avanzando un poco, y la persona haría un giro hacia la derecha.

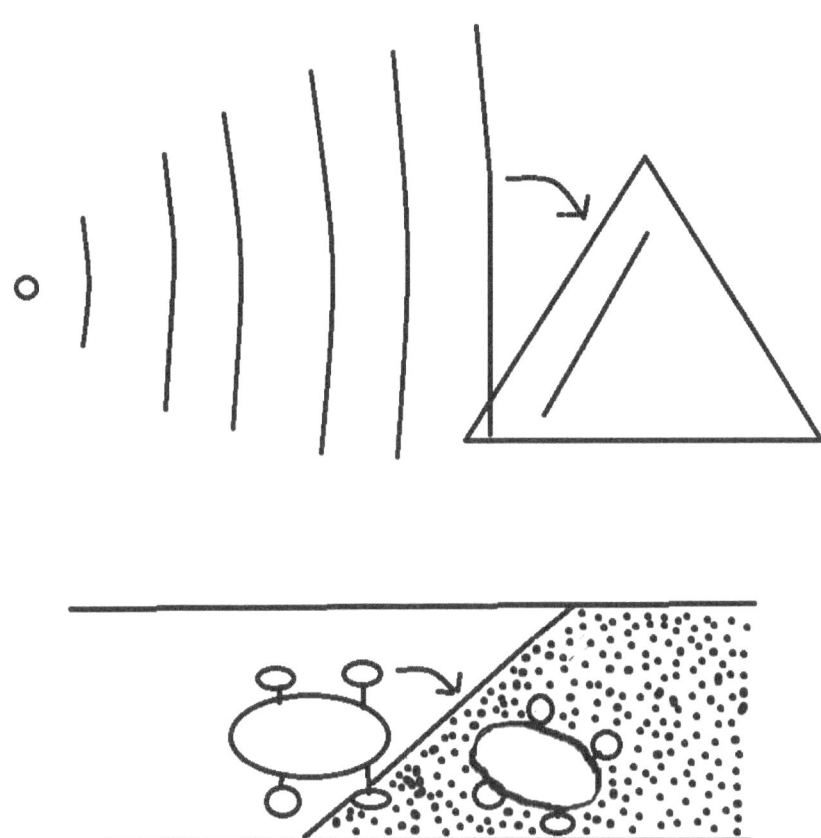

Eso es lo que ocurre cuando la luz entra oblicuamente en un medio en el que viaja más despacio; además, aunque la velocidad de las ondas de luz es la misma para todas las frecuencias, las longitudes de onda más cortas repiten su ciclo oscilatorio con más rapidez que las longitudes de onda más largas, sus frentes de onda están más cercanos entre sí, y cada uno va más rápido que los frentes de onda de las frecuencias más bajas, y por tanto se desvían más; así las diferentes frecuencias se desvían en un ángulo distinto, y como cada frecuencia corresponde a un color, podemos ver el espectro completo de colores. Las frecuencias más altas (longitudes de onda más cortas) corresponden al violeta, en el caso de la luz visible, y las más bajas al rojo.

Este fenómeno ha resultado ser de muchísima utilidad para el estudio del mundo físico, debido a que cada sustancia tiene su espectro característico. La luz visible y las demás radiaciones salen de la materia, de los átomos y moléculas cuando están a la temperatura suficiente, o cuando reflejan o emiten la que reciben de otra fuente, o parte de ella. Las características de la radiación que emiten átomos y moléculas dependen de su constitución y sus diversos estados energéticos internos. De modo que el análisis de tales radiaciones, incluyendo la luz visible, aporta muchísima información sobre la fuente de la que provienen, y ha sido fundamental para físicos, químicos, astrofísicos, biólogos moleculares y otros científicos en su estudio de la estructura interna de la materia.

El fenómeno de la refracción también ha permitido construir instrumentos ópticos como el telescopio y el microscopio, pues dando a las lentes la forma adecuada, se pueden desviar los rayos de luz que emite un objeto, de tal forma que se consiga una imagen aumentada, y esto ha permitido estudiar tanto los astros como el mundo microscópico.

¿Cómo se midió la velocidad de la luz?

El astrónomo Olaf Roëmer pudo hacer un cálculo de la velocidad de la luz en el vacío, cuando se dio cuenta de que los eclipses de los satélites de Júpiter, cuando estos se ocultan tras el planeta al observarlos desde la Tierra, se producían con un retraso determinado al observarlos seis meses después, cuando la Tierra se encontraba más alejada de Júpiter, al estar en el otro extremo de su órbita en torno al Sol; atribuyó ese retraso al hecho de que la luz que llegaba desde Júpiter y sus satélites, tenía que recorrer una distancia mayor, y como tal distancia era conocida pudo hacer el cálculo.

Posteriormente Fizeau ideó varios dispositivos para medir la velocidad de la luz aquí en la Tierra. Uno de ellos consistía básicamente en una rueda dentada giratoria que se interponía en la trayectoria de un rayo de luz reflejado desde varios kilómetros. Si el rayo pasaba entre un diente y el siguiente era visible, pero si topaba con uno de los dientes era interceptado. Midiendo la velocidad que había que dar a la rueda para que el rayo fuese interceptado podía calcular la velocidad de la luz.

¿Cómo se formó el Sistema Solar?

Hoy se piensa que el Sistema Solar se pudo formar a partir de una nube inicial de gas y polvo interestelar que colapsó por acción de la gravedad, y tomó una forma de disco debido a su rotación; la mayor parte de la materia se concentraría en la zona central para dar origen al Sol, y el resto seguiría girando en torno a él; la gravedad, principalmente, a su vez haría que se fuesen uniendo entre sí diminutas partículas, formando agregados de materia cuyo tamaño se iría acrecentando cada vez más; este proceso de acreción sería el origen de los planetas y demás objetos del sistema; esta propuesta concuerda con el hecho de que, actualmente, los planetas del sistema solar, giran en torno al Sol, aproximadamente en el mismo plano orbital, y con pocas excepciones (quizá debidas a impactos de meteoritos u otros objetos), giran en el mismo sentido; además de los planetas Mercurio, Venus, La Tierra, Marte, Júpiter, Saturno, Urano y Neptuno, y sus respectivos satélites, hay muchos otros cuerpos de menor tamaño (Plutón era considerado un planeta más del sistema, pero actualmente no se le incluye como tal); entre Marte y Júpiter está el cinturón de asteroides; además también forman parte del Sistema Solar el cinturón de Kuiper, el "disco disperso" y en la parte más exterior, como si envolviera a todo el sistema , la nube de Oort; desde las zonas exteriores lejanas llegan periódicamente cometas, astros que giran en torno al Sol en órbitas muy excéntricas.